ABHANDLUNGEN DER DEUTSCHEN AKADEMIE
DER WISSENSCHAFTEN ZU BERLIN

Klasse für Mathematik, Physik und Technik

Jahrgang 1962 Nr. 7

WITOLD SZABLEWSKI

EINIGE NEUERE ERGEBNISSE ZUR THEORIE TURBULENTER STRÖMUNGEN VON GASEN STARK VERÄNDERLICHER DICHTE

Mit 12 Abbildungen

AKADEMIE-VERLAG · BERLIN
1963

Vorgelegt von Hrn. Schröder in der Klassensitzung vom 1. März 1962

Zum Druck genehmigt am gleichen Tage, ausgegeben am 15. Januar 1963

Erschienen im Akademie-Verlag GmbH, Berlin W 8, Leipziger Straße 3—4

Lizenznummer: 202 · 100/511/63
Gesamtherstellung: VEB Druckerei „Thomas Müntzer“ Bad Langensalza
Bestellnummer: 2001/62/I/7 · ES: 18 B II · Preis: DM 4,90

INHALT

I. Einleitung

Für die Technik fundamental wichtige Phänomene der Mechanik turbulenter Strömungen sind mit größeren Dichteunterschieden verbunden. Wir erwähnen die heute sehr aktuelle Frage der Strömungsvorgänge an den Tragflügeln von Hochgeschwindigkeitsflugzeugen und an Raketenkörpern, bei denen eine sehr starke Aufheizung der Wand stattfindet, was zu größeren Dichteunterschieden in der diesen Flugkörpern anhaftenden turbulenten Grenzschicht führt. Den gleichen Sachverhalt kann man für schnellaufende Strömungsmaschinen konstatieren. Ein anderes technisch sehr wichtiges Thema stellt die turbulente Ausbreitung von Düsenstrahlen stark unterschiedlicher Dichte im umgebenden Medium, wie z. B. die Ausbreitung eines Leuchtgasstrahls in Luft, dar; Vorgänge dieser Art sind u. a. von großer Bedeutung für das Studium von Verbrennungsvorgängen.

Es wird im folgenden über einige theoretische Ergebnisse zu den genannten Phänomenen berichtet, die im Forschungsinstitut für Angewandte Mathematik und Mechanik der Deutschen Akademie der Wissenschaften erzielt wurden. Unsere Ergebnisse tragen — wie noch bemerkt werden soll — insbesondere auch dem *Einfluß der Dichteschwankungen* Rechnung.

Die von uns betrachteten Strömungsmodelle beschränken sich dabei auf turbulente Strömungen, die *im zeitlichen Mittel* stationär sind und entweder ebenen oder rotationssymmetrischen Charakter haben. Ferner sind die betrachteten Strömungen dadurch ausgezeichnet, daß sie eine Hauptströmungsrichtung haben: Bezeichnen wir für ebene Strömungen diese mit x und die dazu senkrechte Richtung mit y, die entsprechenden Geschwindigkeitskomponenten mit u und v, so soll $|v| \ll |u|$ sein. Es handelt sich also um nur schwach gegen die x-Achse geneigte Strömungen.

In die genannte Einschränkung fallen die wichtigsten Grenzschichtströmungen an Profilen sowie die Düsenstrahlen.

II. Strömungen der freien Turbulenz von Gasen stark veränderlicher Dichte

Unter freier Turbulenz versteht man bekanntlich turbulente Strömungen ohne begrenzende Wände, wie z.B. Düsenstrahlen oder Nachlaufströmungen.

Diese Strömungen sind gegenüber den Grenzschichtströmungen (längs begrenzender Wände) insofern von wesentlich einfacherem Charakter, als für die Bestimmung der mittleren Zustandsgrößen des Mischungsfeldes molekulare Effekte vernachlässigbar erscheinen. Weiterhin hat sich für Strömungen im *Unterschallbereich*, auf den wir uns beschränken, die Annahme konstanten Drucks $p =$ const bewährt.

A. Gleichungen

Für im zeitlichen Mittel stationäre und ebene Strömungen erhält man dann das Gleichungssystem

Kontinuität

$$\frac{\partial \overline{\varrho u}}{\partial x} + \frac{\partial \overline{\varrho v}}{\partial y} = 0 \, , \tag{1}$$

Impuls

$$\frac{\partial \overline{\varrho u^2}}{\partial x} + \frac{\partial \overline{\varrho u v}}{\partial y} = 0 , \tag{2}$$

Energie

$$\frac{\partial \overline{\varrho c_p T u}}{\partial x} + \frac{\partial \overline{\varrho c_p T v}}{\partial y} = 0 , \tag{3}$$

Konzentration

$$\frac{\partial \overline{\varrho c u}}{\partial x} + \frac{\partial \overline{\varrho c v}}{\partial y} = 0 . \tag{4}$$

(Überstreichen bedeutet zeitliche Mittelwertbildung.)

Dabei bezeichnen ϱ die Dichte, T die absolute Temperatur, c_p die spezifische Wärme bei konstantem Druck und c die Konzentration eines chemisch verschiedenen Gases im Mischungsfeld.

Um nun zu Gleichungen für die mittleren Zustandsgrößen zu gelangen, spaltet man nach O. REYNOLDS [1] die momentanen Zustandsgrößen auf in ihre Mittelwerte und die momentanen Schwankungen

$$u = \bar{u} + u' , \qquad v = \bar{v} + v' ,$$
$$T = \bar{T} + T' , \qquad \varrho = \bar{\varrho} + \varrho' , \qquad c = \bar{c} + c' .$$

Man erhält dann z.B. für die Kontinuitätsgleichung

$$\frac{\partial(\bar{\varrho}\,\bar{u} + \overline{\varrho' u'})}{\partial x} + \frac{\partial(\bar{\varrho}\,\bar{v} + \overline{\varrho' v'})}{\partial y} = 0 . \tag{5}$$

Das *Leitprinzip* für die weitere theoretische Behandlung ist nun die experimentell gewonnene Feststellung, daß für alle Zustandsgrößen mit Ausnahme der Querkomponente v der Strömung die momentanen Schwankungen kleine Größen gegenüber den Mittelwerten sind. Die momentanen Schwankungen v' jedoch nehmen bei den hier betrachteten Strömungsmodellen mit der Hauptströmungsrichtung x erhebliche Werte gegenüber der kleinen Querkomponente v an [2].

Wir können demgemäß in der Kontinuitätsgleichung (5) wohl $\overline{\varrho' u'}$ gegenüber $\bar{\varrho}\,\bar{u}$ vernachlässigen, aber nicht $\overline{\varrho' v'}$ gegenüber $\bar{\varrho}\,\bar{v}$; wir erhalten dann

Kontinuität

$$\frac{\partial \bar{\varrho}\,\bar{u}}{\partial x} + \frac{\partial \bar{\varrho}\,\bar{v}}{\partial y} = \partial/\partial y \left(-\overline{\varrho' v'}\right) . \tag{6}$$

In entsprechender Weise erhält man mit

$$\begin{aligned} \overline{\varrho u v} &\approx \bar{\varrho}\,\bar{u}\,\bar{v} + \bar{\varrho}\,\overline{u' v'} + \bar{u}\,\overline{\varrho' v'} , \\ \overline{\varrho c_p T v} &\approx \bar{\varrho}\,\overline{c_p T}\,\bar{v} + \bar{\varrho}\,\overline{(c_p T)' v'} + \overline{c_p T}\,\overline{\varrho' v'} , \\ \overline{\varrho c v} &\approx \bar{\varrho}\,\bar{c}\,\bar{v} + \bar{\varrho}\,\overline{c' v'} + \bar{c}\,\overline{\varrho' v'} \end{aligned}$$

die Gleichungen

Impuls

$$\frac{\partial \bar{\varrho}\,\bar{u}^2}{\partial x} + \frac{\partial \bar{\varrho}\,\bar{u}\,\bar{v}}{\partial y} = \partial/\partial y \left\{-\bar{\varrho}\,\overline{u' v'} - \bar{u}\,\overline{\varrho' v'}\right\} , \tag{7}$$

Energie

$$\frac{\partial \bar{\varrho}\,\overline{c_p T}\,\bar{u}}{\partial x} + \frac{\partial \bar{\varrho}\,\overline{c_p T}\,\bar{v}}{\partial y} = \partial/\partial y \left\{-\bar{\varrho}\,\overline{(c_p T)' v'} - \overline{c_p T}\,\overline{\varrho' v'}\right\} , \tag{8}$$

Konzentration

$$\frac{\partial \bar{\varrho}\, \bar{c}\, \bar{u}}{\partial x} + \frac{\partial \bar{\varrho}\, \bar{c}\, \bar{v}}{\partial y} = \partial/\partial y \left\{ -\bar{\varrho}\, \overline{c'\, v'} - \bar{c}\, \overline{\varrho'\, v'} \right\}. \tag{9}$$

Vom Standpunkt der mittleren Zustandsgrößen werden also durch den Mechanismus der turbulenten Vermischung Ströme der Masse, des Impulses, der Enthalpie und der Konzentration erzeugt. Anschaulich kann man sich das so vorstellen, daß — in Analogie zu den Vorstellungen der kinetischen Gastheorie, die den Transport von Flüssigkeitseigenschaften einer Schicht in die andere durch Moleküle annimmt — hier der Transport durch Flüssigkeitselemente besorgt wird.

Die Gleichungen (6)—(9) [3] sind als experimentell gut gesichertes Fundament anzusehen. Um jedoch auf Grund derselben zu Aussagen über das Feld der mittleren Zustandsgrößen zu gelangen, stellt sich nunmehr die Aufgabe, die in den Gleichungen auftretenden Korrelationen der Schwankungen in funktionaler Form durch die mittleren Zustandsgrößen zu beschreiben. Hier ist man beim derzeitigen Stand der Theorie auf Hypothesen angewiesen.

Eine für Phänomene der freien Turbulenz sich bisher als tragbar erweisende Hypothese, die auf L. Prandtl [4] zurückgeht, besagt, daß *im jeweiligen Querschnitt* der Strömung (Schnitt senkrecht zur Hauptströmungsrichtung[1]) *Korrelationen der Form* $\overline{m'\, v'}$ *proportional dem Gradienten der mittleren Zustandsgröße* $\bar{m}(y)$ sind.

Das gibt für die Korrelationen der Gleichungen (6)—(9)

$$\left.\begin{aligned} -\overline{u'\, v'} &= \varepsilon(x)\, \frac{\partial \bar{u}}{\partial y}, \\ -\overline{(c_p\, T)'\, v'} &= E\, \varepsilon(x)\, \frac{\partial \overline{c_p\, T}}{\partial y}, \\ -\overline{\varrho'\, v'} &= E\, \varepsilon(x)\, \frac{\partial \bar{\varrho}}{\partial y}, \\ -\overline{c'\, v'} &= E\, \varepsilon(x)\, \frac{\partial \bar{c}}{\partial y}. \end{aligned}\right\} \tag{10}$$

Der Koeffizient E trägt dabei dem Umstand Rechnung, daß — wie die Experimente ergeben haben — beim Transport von einer Schicht in die andere für die substantiellen Eigenschaften ein anderer „Mischungsweg" existiert als für die während des Transports (durch denselben Träger) Druckschwankungen ausgesetzte Geschwindigkeit. Nach zahlreichen Messungen [1] besitzt für rotationssymmetrische Düsenstrahlen der Koeffizient den Wert

$$E = 2\,. \tag{11}$$

Der in (10) auftretende Faktor $\varepsilon(x)$ hat die Dimension einer *kinematischen* Zähigkeit. Zu seiner Bestimmung verbleiben die Breite des Geschwindigkeitsfeldes $b_1(x)$ und die Geschwindigkeitsspanne $|\bar{u}_{\max} - \bar{u}_{\min}|$ über derselben. Aus dimensionsanalytischen Gründen folgt dann

$$\varepsilon(x) = \varkappa_1\, b_1(x)\, |\bar{u}_{\max} - \bar{u}_{\min}|\,, \tag{12}$$

wo $\varkappa_1$ ein empirischer Koeffizient der Theorie ist.

Das Berechnungen zu Grunde zu legende Gleichungssystem[2]) lautet nunmehr

Kontinuität

$$\frac{\partial \bar{\varrho}\, \bar{u}}{\partial x} + \frac{\partial \bar{\varrho}\, \bar{v}}{\partial y} = E\, \varepsilon(x)\, \frac{\partial^2 \bar{\varrho}}{\partial y^2}, \tag{13}$$

Impuls

$$\frac{\partial \bar{\varrho}\, \bar{u}^2}{\partial x} + \frac{\partial \bar{\varrho}\, \bar{u}\, \bar{v}}{\partial y} = \varepsilon(x)\, \partial/\partial y \left\{ \bar{\varrho}\, \frac{\partial \bar{u}}{\partial y} + E\, \bar{u}\, \frac{\partial \bar{\varrho}}{\partial y} \right\}, \tag{14}$$

---

[1]) Vgl. z. B. L. Prandtl, Führer durch die Strömungslehre. Braunschweig 1949.

[2]) W. Szablewski, a. a. O.

Energie

$$\frac{\partial \bar{\varrho}\, \overline{c_p\, T\, \bar{u}}}{\partial x} + \frac{\partial \bar{\varrho}\, \overline{c_p\, T\, \bar{v}}}{\partial y} = E\, \varepsilon(x)\, \frac{\partial^2 \bar{\varrho}\, \overline{c_p\, T}}{\partial y}\,, \tag{15}$$

Konzentration

$$\frac{\partial \bar{\varrho}\, \bar{c}\, \bar{u}}{\partial x} + \frac{\partial \bar{\varrho}\, \bar{c}\, \bar{v}}{\partial y} = E\, \varepsilon(x)\, \frac{\partial^2 \bar{\varrho}\, \bar{c}}{\partial y^2}\,. \tag{16}$$

Das vorliegende Gleichungssystem zeichnet sich, wie hier hervorgehoben werden soll, gegenüber anderen Systemen [5] durch die Berücksichtigung der auftretenden *Dichteschwankungen* aus.

B. Turbulente Ausbreitung von Heißluftstrahlen in ruhender oder bewegter Außenluft

In der angegebenen Form kann das Gleichungssystem (13)—(16) innerhalb der eingangs genannten Umschränkung der Berechnung von Phänomenen der freien Turbulenz von Gasen stark veränderlicher Dichte dienen. Bei rotationssymmetrischen Strömungen haben wir die entsprechende Formulierung der Gleichungen (13)—(16) in Zylinderkoordinaten zu Grunde zu legen.

In mehreren Arbeiten haben wir auf dieser Basis die turbulente Ausbreitung von runden Heißluftstrahlen in bewegter und ruhender Außenluft, für die ausgiebig Messungen vorliegen, theoretisch beschrieben. Als Heißluftstrahlen sind z. B. die Düsenstrahlen von Hochgeschwindigkeitsflugzeugen anzusprechen; doch fallen auch Probleme der Kühlung mittels Einblasens von Kaltluftstrahlen in umgebende Heißluft in den Rahmen der Untersuchung.

Wir merken noch an, daß das Problem der turbulenten Ausbreitung von Strahlen *chemisch* verschiedener Dichte in Luft (z.B. die turbulente Ausbreitung eines Leuchtgasstrahls in Luft) in mathematischer Hinsicht auf denselben Formalismus führt.

Das Mischungsfeld des aus einer runden Düse tretenden Heißluftstrahls läßt sich schematisch nach Abb. 1 darstellen:

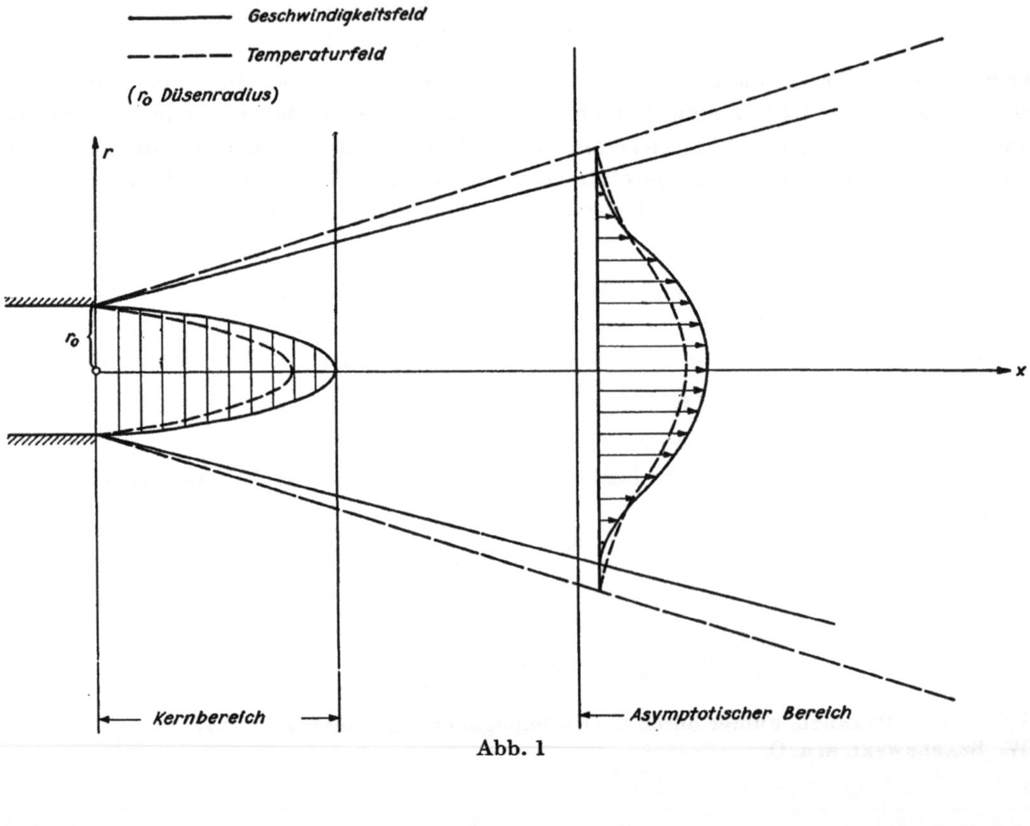

Abb. 1

Der *Kernbereich* ist dabei durch den Strahlkern gekennzeichnet, der durch die Vermischung noch nicht berührt ist. In größerer Entfernung von der Düsenmündung haben wir den *asymptotischen* Bereich, in welchem die Strömungsvorgänge geometrisch und mechanisch ähnlich verlaufen.

Gemäß dem Umstand, daß für den Transport von substantiellen Eigenschaften, wie der Enthalpie, ein anderer Mischungsweg existiert als für die Geschwindigkeit — vgl. Gl. (11) —, weisen das Geschwindigkeits- und das Temperaturfeld verschiedene Strukturen auf.

1. Turbulente Vermischung ebener Heißluftstrahlen

Aus der Theorie des Düsenstrahls demonstrieren wir zunächst den charakteristischen *Temperatureffekt* bzw. den Effekt eines größeren Dichteunterschiedes zwischen Strahl und umgebender Luft an folgendem Modell:

In unmittelbarer Nähe der Düsenkante läßt sich das Strömungsfeld unter Vernachlässigung von Reibungseinflüssen an der Düsenwand schematisch nach Abb. 2 darstellen. Das wären also zwei ebene Luftstrahlen unterschiedlicher Geschwindigkeit und Temperatur, die zunächst durch eine Scheidewand getrennt sind und sich dann in einem Winkelraum mischen.

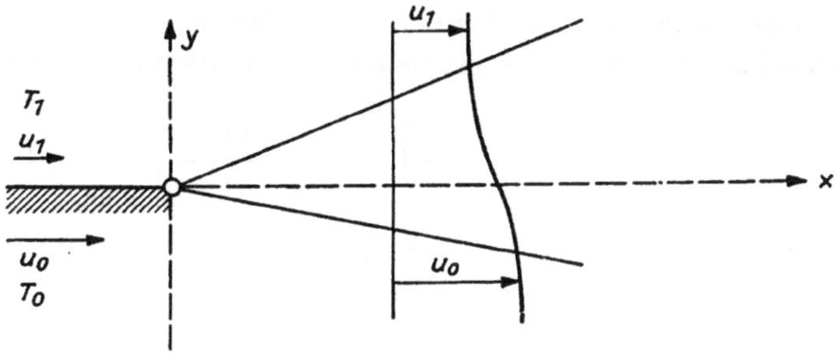

Abb. 2

Das Strömungsfeld ist in den Querschnitten senkrecht zur Strahlachse als geometrisch und mechanisch ähnlich anzusehen; Ähnlichkeitskoordinate ist y/x.

In den Dimensionslosen

$$\varphi = \frac{\overline{u} - u_1}{u_0 - u_1}, \qquad \chi = \overline{\vartheta}/\vartheta_0 \left(\overline{\vartheta} = \overline{T} - T_1, \quad \vartheta_0 = T_0 - T_1\right), \qquad \psi = \sigma\, \overline{v}/u_0$$

und der Variablen $\eta = \sigma\, y/x$ mit dem Streckungsfaktor

$$\sigma = \frac{1}{\sqrt{2\, \varkappa_1\, c_1 \frac{u_0 - u_1}{u_0}}} \tag{17}$$

($b_1 = c_1\, x$ Mischbreite des Geschwindigkeitsfeldes)
reduziert sich das Gleichungssystem (13)—(15), wenn man noch gemäß der Annahme konstanten Drucks (vgl. Eingang Abschn. II) mittels der Gasgleichung

$$\overline{\varrho}\, \overline{T} = \text{const} \tag{18}$$

$\overline{\varrho}$ durch $\overline{\mathfrak{T}}$ ersetzt, auf das System folgender Differentialgleichungen [6]:

Kontinuität

$$-\frac{u_0 - u_1}{u_0}\, \eta\, \frac{d\varphi}{d\eta} + \frac{d\psi}{d\eta} = 0\,, \tag{19}$$

Impuls

$$\frac{d^2\varphi}{d\eta^2} + \frac{d\varphi}{d\eta}\left\{2\left[\left(\frac{u_0 - u_1}{u_0}\,\varphi + \frac{u_1}{u_0}\right)\varphi - \psi\right] - \underline{\frac{E+1}{1 + (\vartheta_0/T_1)\,\chi}\,\frac{d(\vartheta_0/T_1)\,\chi}{d\eta}}\right\} = 0\,, \tag{20}$$

Energie

$$\frac{d^2\chi}{d\eta^2} + \frac{d\chi}{d\eta}\left\{\frac{2}{E}\left[\cdots\right] - \underline{\frac{2}{1 + (\vartheta_0/T_1)\,\chi}\,\frac{d(\vartheta_0/T_1)\,\chi}{d\eta}}\right\} = 0\,. \tag{21}$$

Gegenüber dem Feld konstanter Dichte treten dabei die unterstrichenen Glieder zusätzlich auf.

Gleichung (19) ist identisch mit

$$\frac{\partial \bar{u}}{\partial x} + \frac{\partial \bar{v}}{\partial y} = 0$$

und bringt zum Ausdruck, daß bei der Annahme konstanten Drucks und der Vernachlässigung molekularer Effekte die Mischung *isochor* (unter Erhaltung der Volumina) erfolgt.

Die Randbedingungen lauten

$$\left.\begin{aligned} \varphi, \chi &\to \begin{matrix}1\\0\end{matrix} \quad \text{für } \eta \to \begin{matrix}-\infty\\ \infty\end{matrix}, \\ \psi &\to 0 \quad \text{für } \eta \to -\infty . \end{aligned}\right\} \tag{22}$$

Letztere Bedingung besagt, daß im Strahlkern Verschwinden der Querkomponente $\bar{v}$ anzunehmen ist.

Die Lösung läßt sich für den Spezialfall $(u_0 - u_1)/u_0 \approx 0$, d. h. für Strahlen von fast gleicher Geschwindigkeit und sonst beliebiger Temperaturdifferenz, explizit angeben

$$\varphi = \gamma \int_0^{\eta/\sqrt{E}} \frac{e^{-\eta^2}}{[\alpha\,\Phi(\eta/\sqrt{E}) + \beta]^{E+1}}\, d\eta + \delta ,$$

$$\chi = \frac{1}{\vartheta_0/T_1}\left\{\frac{1}{\alpha\,\Phi(\eta/\sqrt{E}) + \beta} - 1\right\}$$

mit den Konstanten

$$\alpha = \frac{1}{2}\,\frac{\vartheta_0/T_1}{1 + (\vartheta_0/T_1)}, \qquad \beta = \frac{1}{2}\left(1 + \frac{1}{1 + (\vartheta_0/T_1)}\right) \tag{23}$$

und

$$\gamma = \frac{-1}{\int_{-\infty}^{\infty}}, \qquad \delta = \frac{\int_0^{\infty}}{\int_{-\infty}^{\infty}} .$$

$\Phi(y)$ ist dabei die Fehlerintegralfunktion

$$\Phi(y) = \frac{2}{\sqrt{\pi}} \int_0^y e^{-y^2}\, dy .$$

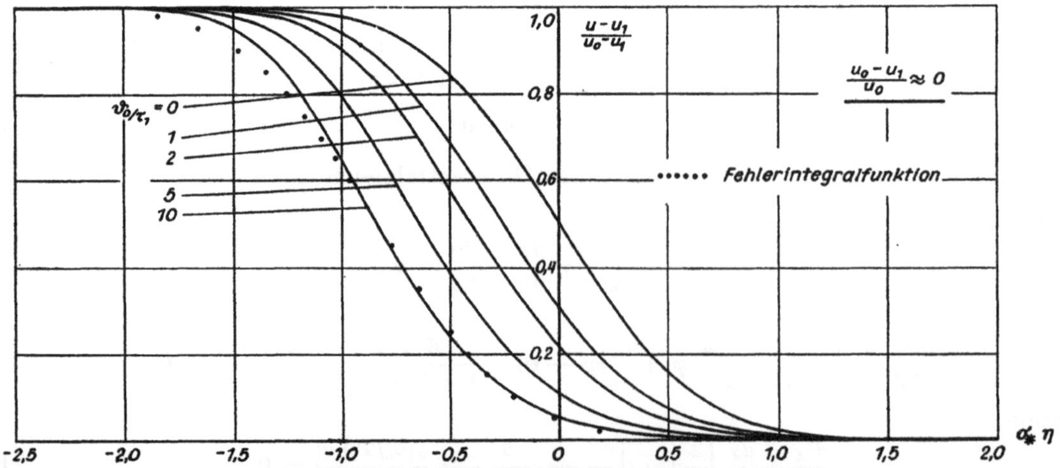

Abb. 3. Verteilung der Längskomponente der Geschwindigkeit

Das Ergebnis zeigen Abb. 3, 4 und 5 [1]), das man so lesen kann, daß *ohne wesentliche Änderung des Öffnungswinkels der Winkelraum der Mischung sich mit wachsender Temperaturdifferenz zum heißeren Strahl hin dreht.*

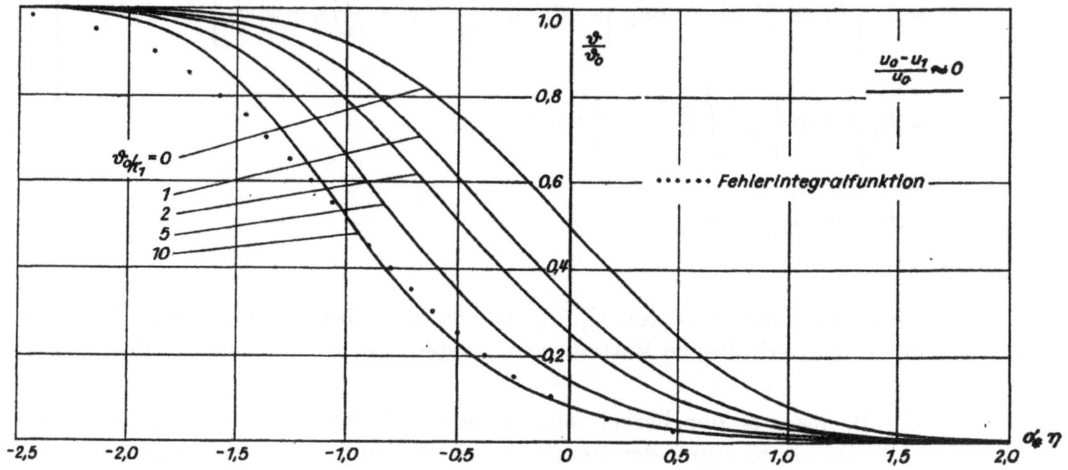

Abb. 4. Temperaturverteilung

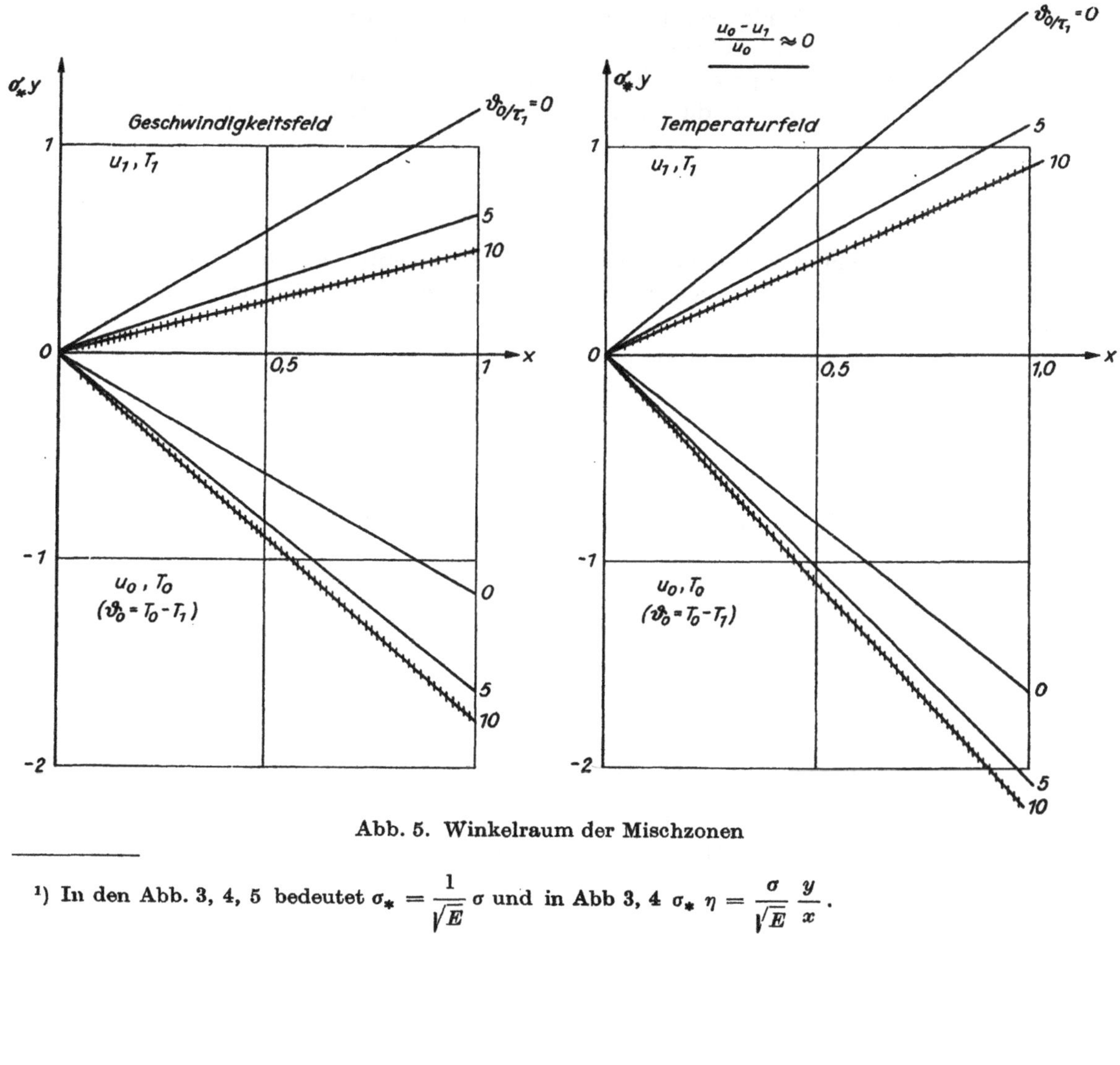

Abb. 5. Winkelraum der Mischzonen

---

[1]) In den Abb. 3, 4, 5 bedeutet $\sigma_* = \frac{1}{\sqrt{E}} \sigma$ und in Abb 3, 4 $\sigma_* \eta = \frac{\sigma}{\sqrt{E}} \frac{y}{x}$.

Im allgemeinen Fall $(u_0 - u_1)\, u_0 \neq 0$ kann man die Lösung nur numerisch angeben [7]; sie läßt sich mittels der Iterationsformeln

$$\left.\begin{aligned} \varphi &= C_1 \int_0^\eta \left(1 + \frac{\vartheta_0}{T_1}\chi\right)^{E+1} \exp\left\{-2\int_0^\eta \left[\left(\frac{u_0 - u_1}{u_0}\varphi + \frac{u_1}{u_0}\right)\eta - \psi\right] d\eta\right\} d\eta + C_2\,, \\ \frac{1}{1 + (\vartheta_0/T_1)\,\chi} &= D_1 \int_0^\eta \exp\left\{\frac{-2}{E}\int_0^\eta \left[\cdots\right] d\eta\right\} d\eta + D_2\,, \\ \psi &= \frac{u_0 - u_1}{u_0}\int_{-\infty}^\eta \eta \frac{d\varphi}{d\eta}\, d\eta \end{aligned}\right\} \quad (24)$$

gewinnen. Die Integrationskonstanten C_1, C_2, D_1, D_2 sind dabei gemäß den Bedingungen (22) zu bestimmen. Die erhaltenen Verteilungen zeigen wieder den schon genannten Sachverhalt.

Liest man die Breite $\sigma\, c_1$ der berechneten Geschwindigkeitsverteilungen zwischen den Grenzen 0,95 und 0,05 ab, so ergibt der Vergleich mit Messungen für den empirischen Koeffizienten $\varkappa_1$ (vgl. Gl. (12) mit (17)) den Wert $\varkappa_1 = \underline{0{,}0082}$.

Aus dem Vergleich der Theorie mit Experimenten[1]) bringen wir Abb. 6, die insbesondere den Temperatureffekt zeigt. Beide gemessenen Strahlen mündeten praktisch in ruhende Außenluft; während aber der eine Strahl die Temperatur der Außenluft hatte, wies der andere gegenüber der Außenluft eine Temperaturdifferenz von 440 °C auf. Die Quasiparallelverschiebung der Kurven im Diagramm zeigt die Drehung des Winkelraumes der Mischung zur heißeren Seite hin.

2. Kernbereich

Mit Ausgang von dem oben behandelten Modell der turbulenten Vermischung zweier ebener Luftstrahlen läßt sich das Mischungsfeld des Kernbereichs (Abb. 1) in folgender Weise berechnen [8]:

Transformiert man das den Gleichungen (13)—(15) entsprechende rotationssymmetrische Gleichungssystem gemäß Abb. 1 auf die *Strahlenkoordinate*

$$\frac{r - r_0}{x}\,, \qquad (25)$$

[1]) Es ist anzumerken, daß die hier gegebene Theorie — wie in II, B 1 eingangs erwähnt — den Einfluß von Reibungseinflüssen an der Düsenwandung nicht berücksichtigt und rechteckige Geschwindigkeitsprofile in der Ebene der Düsenmündung annimmt. Bei der Anwendung auf technische Probleme kann man erforderlichenfalls nach einem Vorschlag von O. PABST dem gegenüber dem theoretischen Modell auftretenden Impulsverlust durch Einführung eines *effektiven* Düsenradius r_0^* gemäß der Gleichung

$$\int_0^\infty \varrho u\,(u - u_1)\, r\, dr = \varrho_0 u_0 (u_0 - u_1) \frac{r_0^{*2}}{2}$$

Rechnung tragen. — In Abb. 6 wurde an der Messung von O. PABST eine derartige Korrektur vorgenommen: $\eta^* = \dfrac{r - r_0^*}{x}$. (Ohne diese Korrektur würde die Messung einen noch größeren Temperatureffekt anzeigen.) Entsprechend wurden in Abb. 8 die Punkte der experimentellen Isotachen mit den Koordinaten $\dfrac{x}{2\, r_0^*}$ und $\dfrac{r}{2\, r_0^*}$ eingetragen.

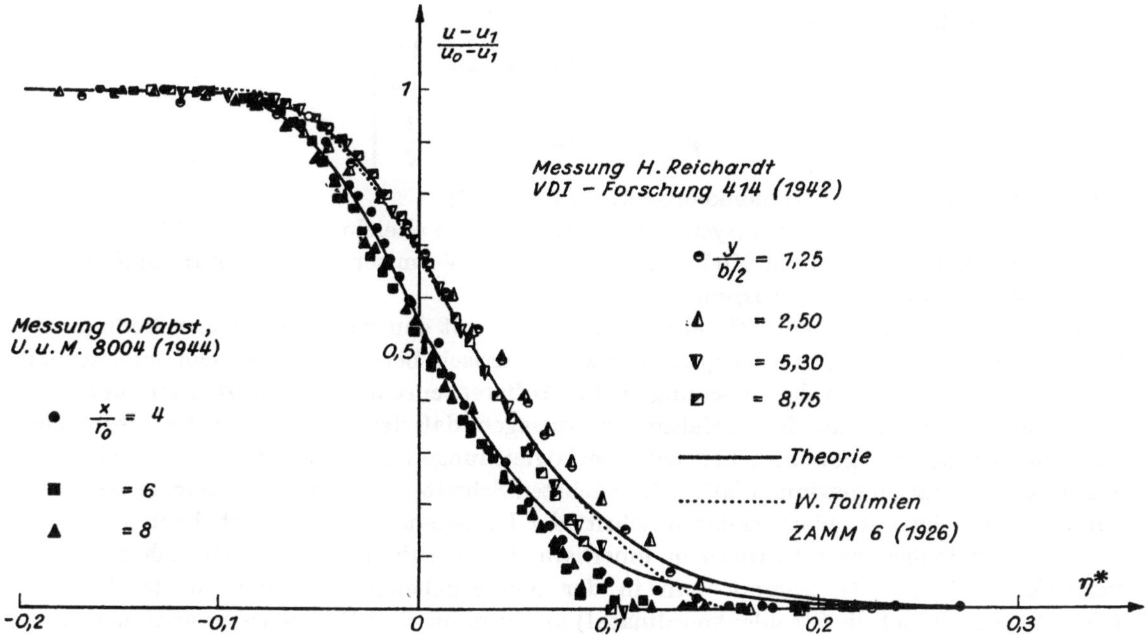

Abb. 6

so erhält man für konstantes σ — diese Annahme ist als gute Näherung anzusehen[1]) — in den Variablen

$$\xi = \frac{1}{\sigma}\frac{x}{r_0} \qquad \text{und} \qquad \eta = \sigma\frac{r - r_0}{x}$$

das System partieller Differentialgleichungen:

Kontinuität

$$\frac{u_0 - u_1}{u_0}\left(\xi\frac{\partial\varphi}{\partial\xi} - \eta\frac{\partial\varphi}{\partial\eta}\right) + \frac{\partial\psi}{\partial\eta} + \psi\frac{\xi}{1+\xi\,\eta} = 0\,, \tag{26}$$

Impuls

$$\frac{\partial^2\varphi}{\partial\eta^2} + \frac{\partial\varphi}{\partial\eta}\left\{2\left[\left(\frac{u_0-u_1}{u_0}\varphi + \frac{u_1}{u_0}\right)\eta - \psi\right] - \underline{(E+1)\frac{(\vartheta_0/T_1)\,\partial\chi/\partial\eta}{1+(\vartheta_0/T_1)\,\chi}} + \frac{\xi}{1+\xi\,\eta}\right\}$$
$$- 2\left(\frac{u_0-u_1}{u_0}\varphi + \frac{u_1}{u_0}\right)\xi\frac{\partial\varphi}{\partial\xi} = 0\,, \tag{27}$$

Energie

$$\frac{\partial^2\chi}{\partial\eta^2} + \frac{\partial\chi}{\partial\eta}\left\{\frac{2}{E}\left[\left(\frac{u_0-u_1}{u_0}\varphi + \frac{u_1}{u_0}\right)\eta - \psi\right] - \underline{2\frac{(\vartheta_0/T_1)\,\partial\chi/\partial\eta}{1+(\vartheta_0/T_1)\,\chi}} + \frac{\xi}{1+\xi\,\eta}\right\}$$
$$- \frac{2}{E}\left(\frac{u_0-u_1}{u_0}\varphi + \frac{u_1}{u_0}\right)\xi\frac{\partial\chi}{\partial\xi} = 0\,. \tag{28}$$

Gegenüber dem Feld konstanter Dichte treten dabei wieder die unterstrichenen Glieder zusätzlich auf.

---

[1]) Vom physikalischen Standpunkt bedeutet die obige Annahme keine Einschränkung der Allgemeinheit, da nach einem Hinweis von W. Kauschus [Ing. Arch. **31** (1962)] der Fall einer allgemeinen Funktion $\sigma(x)$ im Kernbereich sich auf den Fall $\sigma(x) = \text{const}$ mittels einer Transformation reduzieren läßt.

Die Randbedingungen lauten

$$\left.\begin{array}{lll} \varphi, \chi \to \begin{matrix}1\\0\end{matrix} & \text{für} & \eta \to -\begin{matrix}1/\xi\\ \infty\end{matrix} \\ \psi \to 0 & \text{für} & \eta \to -\dfrac{1}{\xi} \end{array}\right\} \tag{29}$$

(die Strahlachse hat die Strahlenkoordinate $\eta = -1/\xi$).

Für $\xi = 0$ reduziert sich das System (26)—(28) auf die Gleichungen (19)—(21), die bereits behandelt wurden (§ 1). Dem Modell der turbulenten Vermischung ebener Heißluftstrahlen entnehmen wir also die *Anfangsprofile*.

Das System der partiellen Differentialgleichungen mit den vorgeschriebenen Bedingungen läßt sich mittels eines *Fortsetzungsverfahrens* numerisch berechnen, bei dem mit Ausgang von den Anfangsprofilen das Mischungsfeld in Differenzenschritten approximativ aufgebaut wird. Zur Kennzeichnung des Verfahrens ist zu sagen, daß der erste Schritt die Lösung eines Systems gekoppelter gewöhnlicher Differentialgleichungen zweiter Ordnung erfordert, die sich mittels Iteration gewinnen läßt. Die nächsten Schritte erfordern dann nur noch Quadraturen, doch steigt mit jedem weiteren Schritt der Rechenaufwand ganz erheblich an.

Da die Isotachen und Isothermen innerhalb des Kernbereichs nur schwach gekrümmt verlaufen (vgl. Abb. 7), kommt man in der hier gegebenen Formulierung des Problems (Transformation auf die Strahlenkoordinate!) mit zwei bis drei Differenzenschritten aus.

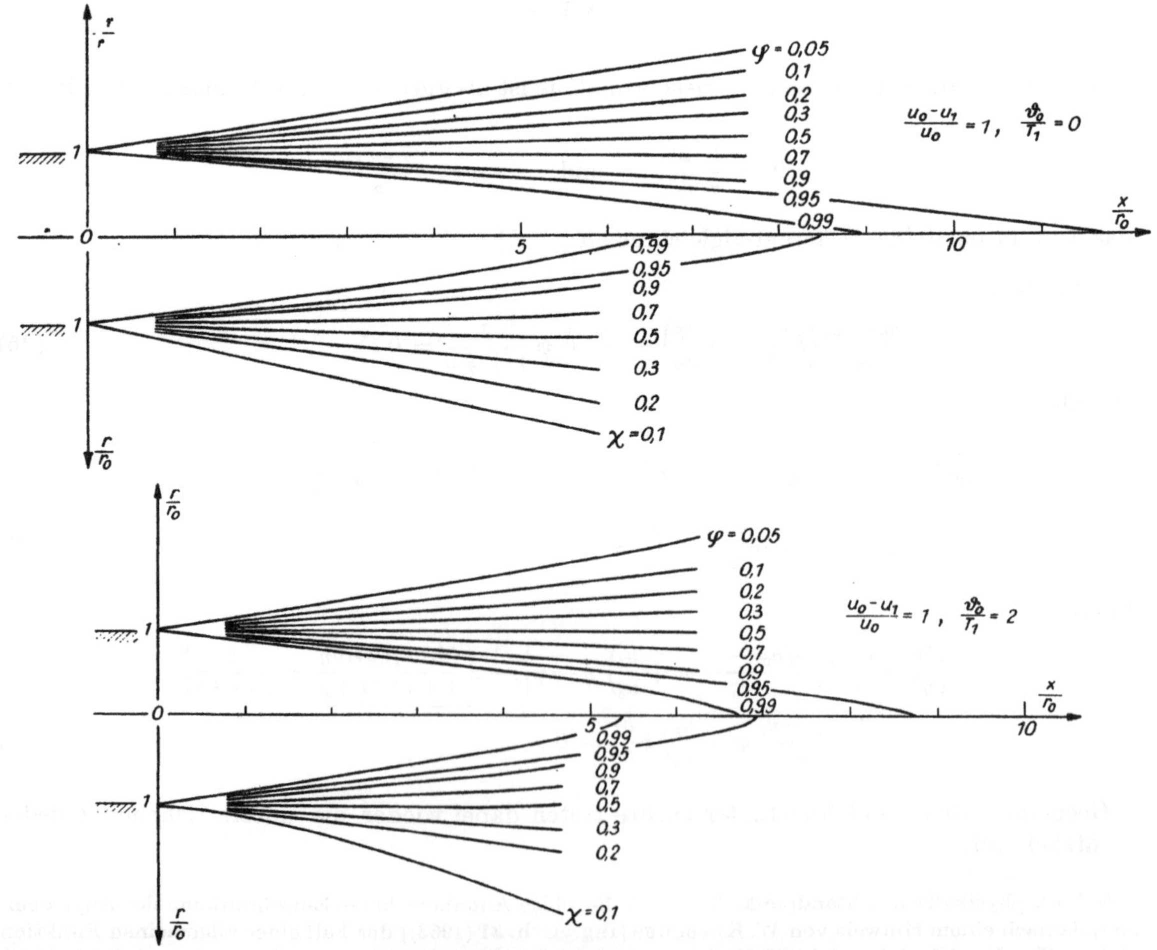

Abb. 7. Feld der Isotachen und Isothermen

Aus den erhaltenen Ergebnissen, die sich sowohl auf ruhende als auch auf bewegte Außenluft erstrecken, bringen wir in Abb. 7 das Feld der Isotachen und Isothermen für die beiden Fälle

$$\frac{u_0 - u_1}{u_0} = 1 \text{ (ruhende Außenluft)}; \qquad \vartheta_0/T_1 = 0 \quad \text{und} \quad 2 .$$

Es ergibt sich als Temperatureffekt, wie der Vergleich zeigt, eine longitudinale und laterale Verkürzung des Mischungsfeldes; diese Verkürzung entspricht der in § 1 demonstrierten Drehung des Winkelraumes der Mischung, mit Scheitel in der Düsenkante, zur Strahlachse hin. Weiterhin ist aus der Abb. 7 ersichtlich, daß im jeweiligen Fall das Temperaturfeld gegenüber dem Geschwindigkeitsfeld — bedingt durch das Übertragungsverhältnis $E = 2$ (vgl. Gl. (11)) — eine wesentlich andere Struktur aufweist, wie sich in seiner größeren Breite und geringeren Tiefe zeigt.

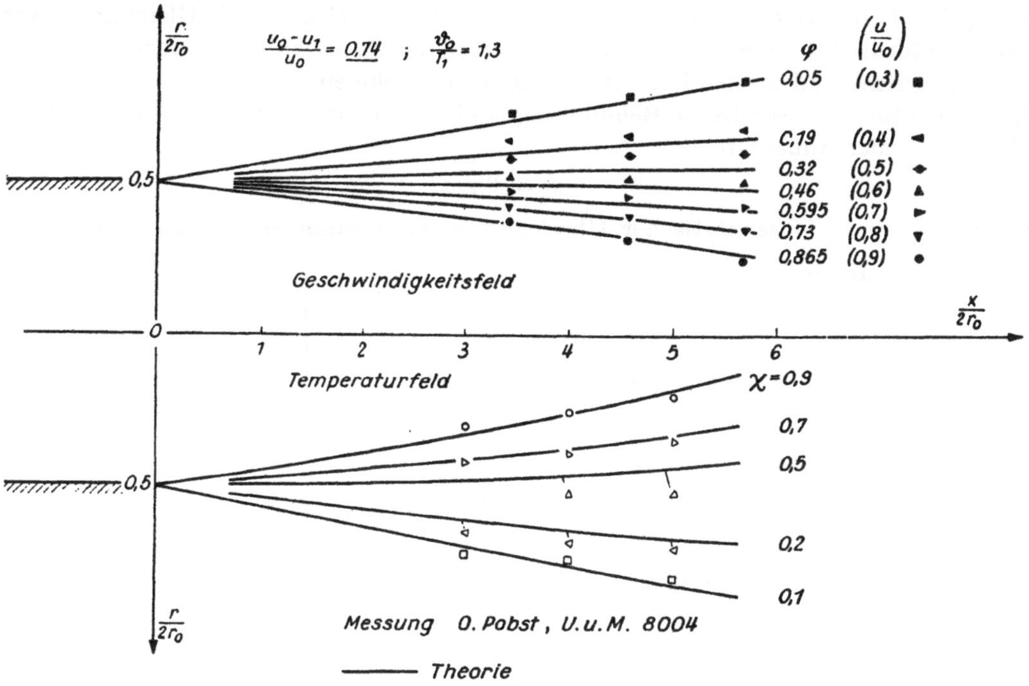

Abb. 8

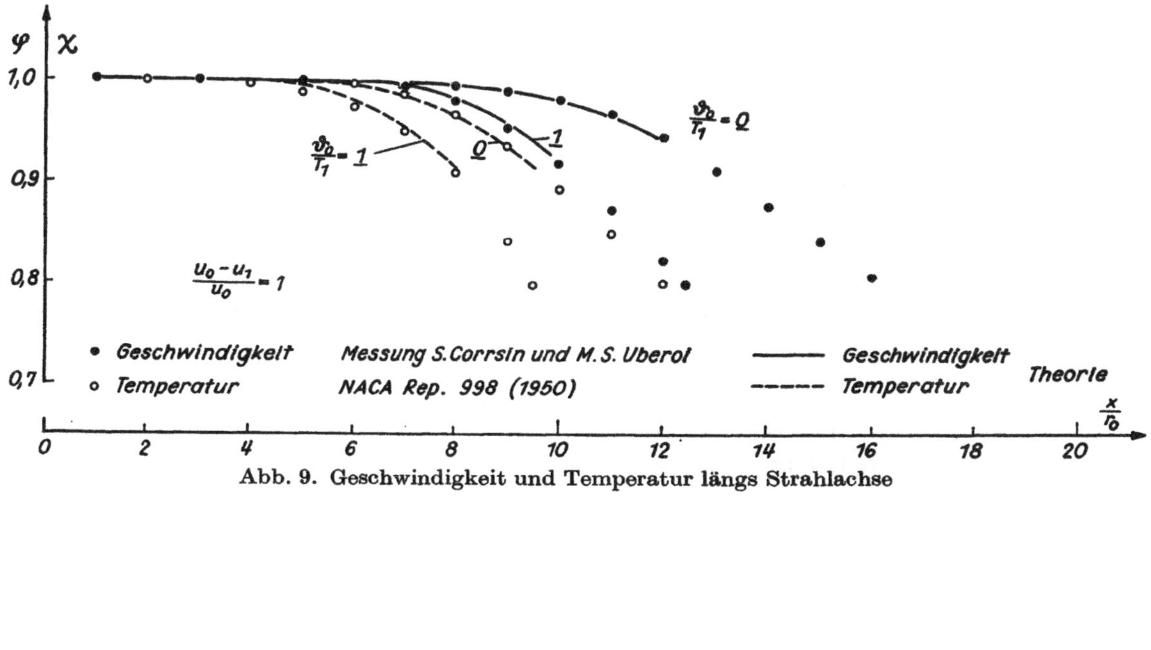

Abb. 9. Geschwindigkeit und Temperatur längs Strahlachse

Aus dem Vergleich mit Messungen bringen wir Abb. 8 und 9. Die in Abb. 8 wiedergegebenen Messungen[1]) beziehen sich auf einen aus einer runden Düse mit der Geschwindigkeit von 400 m/sec und der Temperatur 400 °C tretenden Heißluftstrahl, der sich mit einem Luftstrom von der Geschwindigkeit 100 m/sec und von normaler Temperatur mischte. Abb. 9 zeigt Messungen der Geschwindigkeit und Temperatur längs der Strahlachse, die an Heißluftstrahlen von 15° und 296 °C Übertemperatur bei ruhender Außenluft durchgeführt wurden. Theorie und Experiment stehen in guter Übereinstimmung.

Wir erwähnen noch, daß der empirische Koeffizient bereits in § 1 mit $\varkappa_1 = 0{,}0082$ festgelegt war.

3. Asymptotischer Bereich

Für den sich in größerer Entfernung von der Düsenmündung ausbildenden asymptotischen Bereich (Abb. 1) reduziert sich das Gleichungssystem (15)—(16) auf die Gleichungen für ein Feld konstanter Dichte. Für das Mischungsfeld ist in den Querschnitten senkrecht zur Strahlachse geometrische und mechanische Ähnlichkeit anzunehmen.

Als Beispiel für die theoretische Behandlung [9] bringen wir den Fall des runden Heißluftstrahls in ruhender Außenluft

$$u_1 = 0\,.$$

Der mittels dimensionsanalytischer Überlegungen zu gewinnende Ansatz lautet:

Ähnlichkeitskoordinate ist

$$\eta = \frac{r/r_0}{x/r_0}\,.$$

Für die Breite des Geschwindigkeitsfeldes ist zu setzen

$$b_1/r_0 = B\, x/r_0\,,$$

für die Geschwindigkeitsverteilungen

$$\frac{\bar{u}}{u_0} = \frac{U}{x/r_0}\,\varphi(\eta)\,, \qquad \frac{\bar{v}}{u_0} = \frac{1}{x/r_0}\,\psi(\eta)$$

und für die Temperaturverteilung

$$\vartheta/\vartheta_0 = \frac{\Theta}{x/r_0}\,\chi(\eta) \tag{30}$$

mit den Beiwerten B, U, Θ.

Man erhält dann folgende Gleichungen:

Kontinuität

$$\psi + \eta\frac{d\varphi}{d\eta} = U\,\eta\left(\varphi + \eta\frac{d\varphi}{d\eta}\right),$$

Impuls

$$-U\left(\varphi^2 + \eta\,\varphi\frac{d\psi}{d\eta}\right) + \psi\frac{d\varphi}{d\eta} = \varkappa_1\, B\, U\left(\frac{d^2\varphi}{d\eta^2} + \frac{1}{\eta}\frac{d\varphi}{d\eta}\right),$$

Energie

$$-U\,\varphi\left(\chi + \eta\frac{d\chi}{d\eta}\right) + \psi\frac{d\chi}{d\eta} = E\,\varkappa_1\, B\, U\left(\frac{d^2\chi}{d\eta^2} + \frac{1}{\eta}\frac{d\chi}{d\eta}\right). \tag{31}$$

Die Randbedingungen lauten

$$\left.\begin{aligned}\varphi(0) = \chi(0) &= 1\,, \\ \varphi(\pm\infty) = \chi(\pm\infty) &= 0\,,\end{aligned}\quad \psi(0) = 0\,.\right\} \tag{32}$$

[1]) Siehe hierzu Fußnote 1, S. 12.

Als Lösungen ergeben sich

$$\varphi = \frac{1}{[1 + (\sigma \eta)^2]^2}, \qquad \sigma \psi = \frac{U}{2} \sigma \psi \frac{1 - (\sigma \eta)^2}{[1 + (\sigma \eta^2)]^2}$$

mit dem Streckungsfaktor

$$\sigma = \frac{1}{\sqrt{8 \varkappa_1 B}}; \qquad \chi = \varphi^{1/E}. \tag{33}$$

[1])

Die Bestimmung der die Achsenfunktionen

$$\frac{\bar{u}_A(x)}{u_0} = \frac{U}{x/r_0}, \qquad \frac{\bar{\vartheta}_A(x)}{\vartheta_0} = \frac{\Theta}{x/r_0}$$

festlegenden Beiwerte U, Θ — die erstere Funktion beschreibt den Geschwindigkeitsabfall längs der Strahlachse, die letztere den Temperaturabfall längs derselben — sowie die Bestimmung des Beiwertes B gemäß dem Ansatz $b_1/r_0 = B\, x/r_0$ erfolgt mittels der Erhaltungssätze des Impulses und der Energie, die den konstanten Impuls- und Energiefluß durch Ebenen senkrecht zur Strahlachse zum Ausdruck bringen:

Der Impulsintegralsatz

$$\int_0^\infty \varrho\, u^2\, r\, dr = \varrho_0\, u_0^2 \frac{r_0^2}{2} \tag{34}$$

(der Index 0 kennzeichnet die Düsenmündung)
ergibt bei Einsetzen der oben erhaltenen Funktionen (33) die Relation

$$\sigma^2 = \frac{U^2}{3}\left(1 + \frac{\vartheta_0}{T_1}\right). \tag{35}$$

Der Energieintegralsatz

$$\int_0^\infty \varrho\, u\, \vartheta\, r\, dr = \varrho_0\, u_0\, \vartheta_0 \frac{r_0^2}{2} \tag{36}$$

liefert die Relation

$$\sigma^2 = \frac{U\, \Theta}{1 + (2/E)}\left(1 + \frac{\vartheta_0}{T_1}\right). \tag{37}$$

Bei Ablesen der Breite σB des berechneten Profils φ erhält man dann mittels der obigen Relationen folgende Formeln für den Streckungsfaktor σ und die Beiwerte

$$\left.\begin{aligned} \sigma &= \frac{1}{8 \varkappa_1 (\sigma B)}, \\ U &= \frac{\sqrt{3}}{8 \varkappa_1 (\sigma B)} \frac{1}{[1 + (\vartheta_0/T_1)]^{1/2}}, \qquad \Theta = \frac{1 + (2/E)}{3} U, \\ B &= 8 \varkappa_1 (\sigma B)^2. \end{aligned}\right\} \tag{38}$$

Man kann aus den Formeln u. a. ersehen, daß für heißere Düsenstrahlen der Abfall der Geschwindigkeit und der Temperatur längs der Strahlachse ein stärkerer ist. Gemäß dem Umstand, daß das Übertragungsverhältnis $E = 2$ (Gl. (1)) beträgt, ergibt sich weiterhin, daß die Temperatur ihrerseits längs der Strahlachse stärker abfällt als die Geschwindigkeit.

Die in Abb. 10 und 11 wiedergegebenen Messungen der Achsenfunktionen bei Übertemperaturen von 15°, 170° und 300 °C gegenüber der Außenluft sind als Bestätigung der Theorie anzusehen.

---

[1]) Die Formeln für das Geschwindigkeitsfeld hat bereits H. SCHLICHTING [Grenzschichttheorie, Karlsruhe 1951] angegeben.

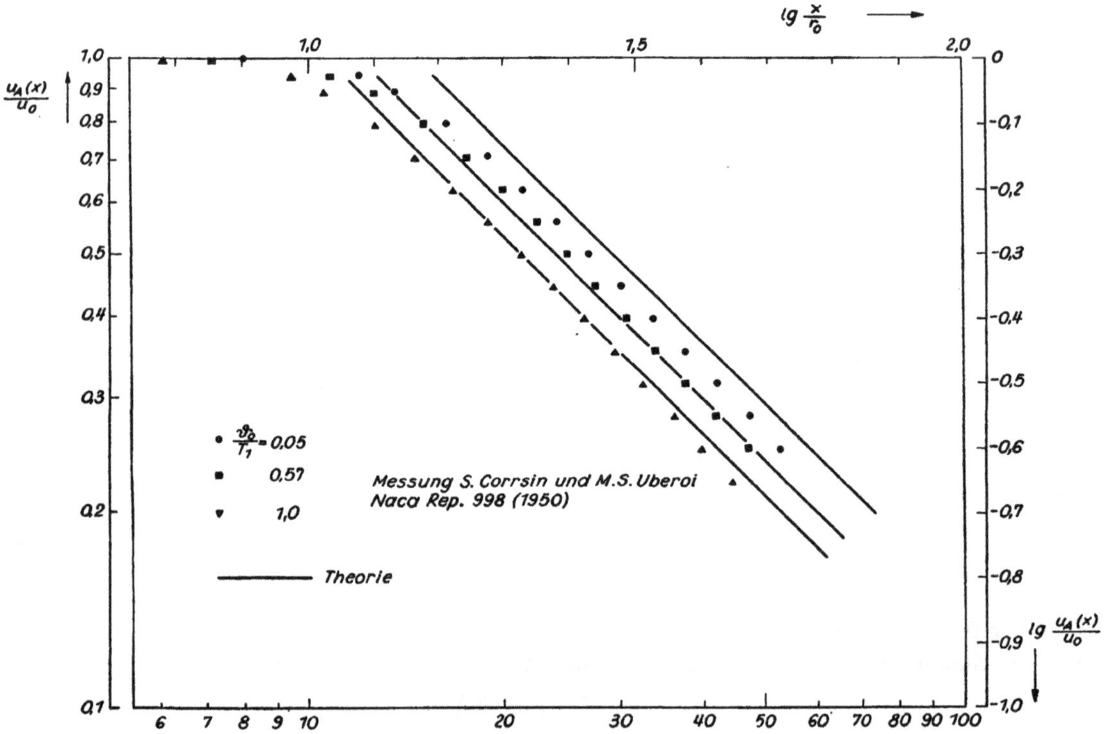
$lg \frac{x}{r_0}$
1,0
1,5
2,0
$\frac{u_A(x)}{u_0}$
1,0
0,9
0,8
0,7
0,6
0,5
0,4
0,3
0,2
0,1
0
-0,1
-0,2
-0,3
-0,4
-0,5
-0,6
-0,7
-0,8
-0,9
-1,0
$lg \frac{u_A(x)}{u_0}$
$\frac{\vartheta_0}{T_1}$ = 0,05
0,57
1,0
Messung S. Corrsin und M.S. Uberoi
Naca Rep. 998 (1950)
Theorie
6 7 8 9 10 20 30 40 50 60 70 80 90 100

Abb. 10

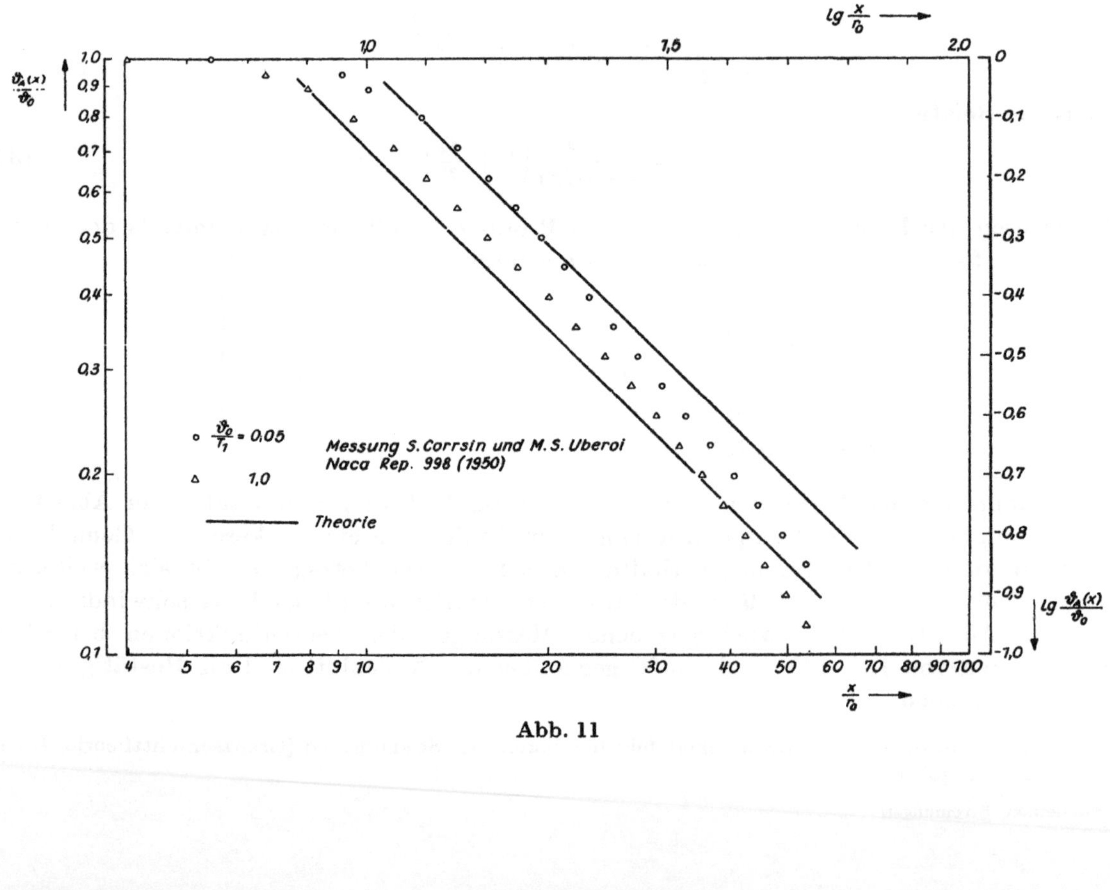
$lg \frac{x}{r_0}$
1,0
1,5
2,0
$\frac{\vartheta_A(x)}{\vartheta_0}$
1,0
0,9
0,8
0,7
0,6
0,5
0,4
0,3
0,2
0,1
0
-0,1
-0,2
-0,3
-0,4
-0,5
-0,6
-0,7
-0,8
-0,9
-1,0
$lg \frac{\vartheta_A(x)}{\vartheta_0}$
$\frac{\vartheta_0}{T_1}$ = 0,05
1,0
Messung S. Corrsin und M. S. Uberoi
Naca Rep. 998 (1950)
Theorie
4 5 6 7 8 9 10 20 30 40 50 60 70 80 90 100
$\frac{x}{r_0}$

Abb. 11

Liest man die Breite σB des berechneten Profils φ — wie in § 1 — zwischen den Grenzen 0,95 und 0,05 ab, so ergab der Vergleich mit den Messungen im asymptotischen Bereich bei ruhender Außenluft für den empirischen Koeffizienten $\varkappa_1 = 0{,}0085$, bei bewegter Außenluft $\varkappa_1 = 0{,}0082$. Die Messungen im Kernbereich, siehe § 1, hatten $\varkappa_1 = 0{,}0082$ ergeben. Der empirische Koeffizient $\varkappa_1$ ist demnach für den ganzen Bereich der turbulenten Ausbreitung eines runden Düsenstrahls von der Düsenmündung bis zur Asymptote praktisch als *Konstante* anzusehen.

III. Der Energiesatz kompressibler turbulenter Grenzschichten

Die Strömungsvorgänge in der Strömungsmaschinen und Flugkörpern anhaftenden Grenzschicht sind bekanntlich gegenüber der als Potentialströmung anzusehenden Außenströmung dadurch unterschieden, daß in der Grenzschicht molekulare und turbulente Wirkungen, wie z.B. Reibung, Wärmeleitung und Dissipation, maßgebend werden. Daraus geht schon die große technische Bedeutung der Grenzschichtforschung für die Theorie von Strömungsmaschinen aller Art hervor.

Bei großen Fluggeschwindigkeiten (Überschall- und Hyperschallgeschwindigkeiten) findet nun infolge Kompression und insbesondere der Dissipation eine starke Aufheizung der Wand gegenüber der Außenströmung statt. Da nach der Konzeption der Grenzschichttheorie der Druck in den zur Wand senkrechten Querschnitten als konstant anzusehen ist, folgt aus der Zustandsgleichung idealer Gase bei konstantem Druck

$$\varrho \cdot T = \text{const} ,$$

daß mit der oben angezeigten Variation der Temperatur über der Grenzschichtdicke auch eine Variation der Dichte über derselben verbunden ist. Wir haben es dann also im Falle der Turbulenz mit einer kompressiblen turbulenten Grenzschicht zu tun.

Von den in Abschn. II behandelten Strömungen der freien Turbulenz sind die turbulenten Grenzschichtströmungen insofern fundamental verschieden, als bei diesen die molekularen Effekte nicht vernachlässigbar sind. Was die Transportvorgänge (Reibung, Wärmeleitung) anbetrifft, so ist in einer dünnen, der Wand anliegenden Zone der Grenzschicht der molekulare Transport gegenüber dem turbulenten nicht mehr vernachlässigbar, da hier die Wand den makroskopischen turbulenten Mischungsvorgang zum Abklingen bringt: es handelt sich dabei um die sog. *laminare Unterschicht* turbulenter Grenzschichten, die einschließlich Übergang eine relative Dicke von ungefähr nur 1% der Grenzschichtdicke hat. Bei großen Anströmgeschwindigkeiten schließlich ist die Dissipation in der gesamten Grenzschicht ein maßgebendes Glied der Energiebilanz.

Von einer Theorie, wenn auch nur phänomenologischen Charakters entsprechend der in Abschn. II dargelegten Theorie der freien Turbulenz, sind wir für turbulente Grenzschichten noch weit entfernt. Theoretische Aussagen über die mittleren Zustandsgrößen liegen im wesentlichen nur für eine an die laminare Unterschicht anschließende vollturbulente Teilschicht (d. h. mit vernachlässigbarem molekularen Transport) vor, die gekennzeichnet ist durch die Vernachlässigbarkeit der Konvektion der Strömung und der äußeren Kräfte, also des die Grenzschichtströmung führenden Druckgradienten der äußeren Potentialströmung. Beide Vernachlässigungen werden gerechtfertigt durch die große Wandnähe dieser Schicht: An der Wand haftet die Strömung, was die Konvektion hier bedeutungslos macht; der Druckgradient weiter ist — falls wir uns nicht gerade in der Nähe der Ablösung der Grenzschicht befinden — gegenüber den hier große Werte annehmenden Schubspannungskräften vernachlässigbar. Die so gekennzeichnete Schicht ist zwar auch relativ dünn; in Folge des sehr steilen Gradienten der Geschwindigkeit bzw. der Temperatur in großer Wandnähe entfällt jedoch auf sie ein relativ großer Anteil am gesamten Geschwindigkeitsanstieg bzw. Temperaturabfall über der Grenzschichtdicke. Das gibt dieser Schicht ihre Bedeutung.

Für die oben charakterisierte Schicht ergibt sich bei konsequenter Berücksichtigung der in der turbulenten Grenzschicht auftretenden *Dichteschwankungen* eine gegenüber bisher bekannt gewordenen Formulierungen[1]) neue Fassung des Energiesatzes. Dichteschwankungen treten in kompressiblen turbulenten Grenzschichten notwendigerweise wegen der in diesen vorhandenen Dichteverteilungen auf, wie anschaulich sofort erkennbar ist, da man sich den Prozeß der turbulenten Vermischung als durch Wanderung ganzer Flüssigkeitsteilchen von einer Schicht in die andere erzeugt vorstellen kann. Aus Impuls- und Energiesatz folgt dann weiter ein neues Gesetz für die Relation zwischen Temperatur mit Geschwindigkeit in der von uns betrachteten Schicht. Wir merken an, daß die genannte Relation eine grundlegende Rolle in technischen Berechnungsverfahren kompressibler turbulenter Grenzschichten spielt.

Gemäß der Konzeption der Grenzschichttheorie werden bei der Rechnung *der laminare Transport durch Moleküle*, den wir zunächst noch berücksichtigen, *und der turbulente Transport durch Flüssigkeitselemente wie auch die Gradienten derselben nur in Richtung normal zur Wand in Betracht gezogen.*

Das Leitprinzip für die Ermittlung der für den turbulenten Transport maßgebenden Korrelationen der Strömungsvorgänge haben wir bereits in Abschn. II aufgestellt.

Wir können dann zunächst unverändert die Kontinuitätsgleichung (6) übernehmen.

Kontinuität

$$\frac{\partial \bar{\varrho}\,\bar{u}}{\partial x} + \frac{\partial \bar{\varrho}\,\bar{v}}{\partial y} = \partial/\partial y\left(-\overline{\varrho'\,v'}\right). \tag{39}$$

Vernachlässigen wir in der Impulsgleichung (7) die Konvektionsglieder, berücksichtigen aber zunächst noch den molekularen Impulstransport, so erhalten wir bei Integration über y

Impuls

$$\tau_0 = \overline{\mu\,\frac{\partial u}{\partial y}} + \bar{\varrho}\left(-\overline{u'\,v'}\right) + \bar{u}\left(-\overline{\varrho'\,v'}\right), \tag{40}$$

wobei $\overline{\mu(\partial u/\partial y)}$ mit dem Zähigkeitskoeffizienten μ die mittlere laminare Schubspannung und τ_0 die mittlere Wandschubspannung darstellt (der Index 0 kennzeichnet auch weiterhin die mittleren Werte an der Wand). Gl. (40) beschreibt offenbar eine Schicht *konstanter Schubspannung.*

Der Energiesatz lautet in voller Allgemeinheit

$$\begin{aligned}\operatorname{div}\left[\overline{\left(c_p\,T + \frac{u^2 + v^2 + w^2}{2}\right)\varrho\,\mathfrak{v}}\right] &= \frac{\partial(\lambda \operatorname{grad} T)}{\partial y} \\ &+ \partial/\partial y\left\{\overline{\mu\,u\left(\frac{\partial u}{\partial y} + \frac{\partial v}{\partial x}\right)} + \overline{\mu\,v\left(2\,\frac{\partial v}{\partial y} - \frac{2}{3}\operatorname{div}\,\mathfrak{v}\right)} + \overline{\mu\,w\left(\frac{\partial v}{\partial z} + \frac{\partial w}{\partial y}\right)}\right\}.\end{aligned} \tag{41}$$

Es bedeuten dabei z bzw. w die zur x, y-Ebene senkrechte Koordinate bzw. Geschwindigkeitskomponente; λ den Wärmeleitungskoeffizienten.

Wir beachten zunächst, daß für Grenzschichten

$$\overline{\frac{u^2 + v^2 + w^2}{2}\,\varrho\,\mathfrak{v}} \approx \frac{1}{2}\,\overline{u^2\,\varrho\,\mathfrak{v}}\,.$$

Nach dem Leitprinzip erhalten wir dann weiter

$$\begin{aligned}\overline{u^2\,\varrho\,v} &\approx \bar{u}^2\,\varrho\,\bar{v} + 2\,\varrho\,u\,\overline{u'\,v'} + \bar{u}^2\,\overline{\varrho'\,v'}\,,\\ \overline{c_p\,T\,\varrho\,v} &\approx c_p\left(\bar{\varrho}\,\bar{T}\,\bar{v} + \bar{\varrho}\,\overline{T'\,v'} + \bar{T}\,\overline{\varrho'\,v'}\right).\end{aligned}$$

[1]) Vgl. z.B. E. R. VAN DRIEST [Journ. Aeron. Sci. 18 (1951) 145] und J. ROTTA [Z. Flugwiss. 7 (1959) 204].

Es folgt

$$\operatorname{div}\left[\left(c_p\,\overline{T}+\frac{\overline{u}^2+\overline{v}^2+\overline{w}^2}{2}\right)\overline{\varrho}\,\overline{\mathfrak{v}}\right]=\partial/\partial y\left(\overline{\lambda\frac{\partial T}{\partial y}}\right)+\partial/\partial y\left\langle\overline{\varrho}\left(-c_p\,\overline{T'\,v'}\right)+c_p\,\overline{T}\left(-\overline{\varrho'\,v'}\right)\right\rangle$$
$$+\,\partial/\partial y\,\{\overline{}\}+\partial/\partial y\left\langle\overline{\varrho}\,\overline{u}\left(-\overline{u'\,v'}\right)+\frac{\overline{u}^2}{2}\left(-\overline{\varrho'v'}\right)\right\rangle. \qquad (42)$$

Die in den spitzen Klammern der rechten Seite stehenden Glieder stellen dabei den turbulenten Energietransport dar.

Unter Beachtung der Kontinuitätsgleichung (39) können wir dann in (42) T durch $\vartheta = T - T_0$ ersetzen! Vernachlässigt man wieder für die von uns betrachtete Schicht die Konvektionsglieder, so folgt bei Integration über y die Gleichung

$$\lambda_0\left(\frac{\partial\overline{\vartheta}}{\partial y}\right)_0=\overline{\lambda\frac{\partial\vartheta}{\partial y}}+\overline{\varrho}\left(-c_p\,\overline{\vartheta'\,v'}\right)+c_p\,\overline{\vartheta}\left(-\overline{\varrho'\,v'}\right)+\{\overline{}\}+\overline{\varrho}\,\overline{u}\left(-\overline{u'\,v'}\right)+\frac{\overline{u}^2}{2}\left(-\overline{\varrho'\,v'}\right). \qquad (43)$$

Es handelt sich demnach um eine Schicht *konstanten Energietransports*.

In Beschränkung auf die vollturbulente Schicht können wir nunmehr noch in (40) und (43) die molekularen Transportterme gegenüber den turbulenten außer acht lassen. Wir erhalten schließlich aus (43) unter Beachtung von (40) die folgende *neue* Form des Energiesatzes

$$\lambda_0\left(\frac{\partial\overline{\vartheta}}{\partial y}\right)_0=\overline{\varrho}\left(-c_p\,\overline{\vartheta'\,v'}\right)+c_p\,\overline{\vartheta}\left(-\overline{\varrho'\,v'}\right)+\underline{\tau_0\,\overline{u}-\frac{\overline{u}^2}{2}\left(-\overline{\varrho'\,v'}\right)}. \qquad (44)$$

Die beiden unterstrichenen Glieder sind als die *Dissipation* (Reibungswärme) der Strömung aufzufassen. Das bemerkenswerte Ergebnis ist, daß zu dem Glied $\tau_0\,\overline{u}$, welches neben der Dissipation der Hauptbewegung die dieser zur Erhaltung der Nebenbewegung entzogene Energie darstellt, das Glied $\frac{\overline{u}^2}{2}\,\overline{\varrho'\,v'}$ hinzutritt, das als *Diffusion* kinetischer Energie mittels des turbulenten Massentransports anzusehen ist.

Als Folgerung, die wir am Experiment prüfen werden, leiten wir aus (40) und (44) eine neue Relation zwischen Temperatur und Geschwindigkeit für die von uns betrachtete Schicht ab.

Um auf Grund der Gleichungen (40) und (44) zu Aussagen über die mittleren Zustandsgrößen zu gelangen, ist (wie in Abschn. II) zunächst eine Hypothese erforderlich, welche die in den Gleichungen auftretenden Korrelationen der Schwankungen mit den mittleren Zustandsgrößen verknüpft. Für unser Vorhaben genügt es, die sehr allgemeinen Boussinesqschen Ansätze zu Grunde zu legen:

$$\left.\begin{aligned}-\overline{u'\,v'}&=\varepsilon(x,y)\frac{\partial\overline{u}}{\partial y},\\-\overline{\vartheta'\,v'}&=E\,\varepsilon(x,y)\frac{\partial\overline{\vartheta}}{\partial y},\\-\overline{\varrho'\,v'}&=E\,\varepsilon(x,y)\frac{\partial\overline{\varrho}}{\partial y}.\end{aligned}\right\} \qquad (45)$$

$\varepsilon(x, y)$ hat dabei die Dimension einer kinematischen Zähigkeit. Der Koeffizient E stellt das sog. Übertragungsverhältnis dar (vgl. Abschn. II).

Während die beiden ersten Ansätze in der Theorie turbulenter Grenzschichten geläufige Ansätze sind, ist zur Erläuterung des letzten Ansatzes zu sagen: Die obigen Ansätze entsprechen in Analogie zur kinetischen Gastheorie der Vorstellung, daß Flüssigkeitseigenschaften von einer Schicht in die andere transportiert werden. Die beiden ersten Ansätze sprechen das für die Geschwindigkeit und Temperatur aus. Da nun in einer kompressiblen Grenzschicht verschiedene Schichten auch verschiedene Dichten aufzuweisen haben, ist ein entsprechender

Transport der Dichte von einer Schicht in die andere anzunehmen. Der letzte Ansatz ist dann nur die entsprechende Formulierung.

Wir erhalten damit:

Impuls

$$\tau_0 = \varepsilon\left(\bar{\varrho}\,\frac{\partial \bar{u}}{\partial y} + E\,\bar{u}\,\frac{\partial \bar{\varrho}}{\partial y}\right), \tag{46}$$

Energie

$$\lambda_0\left(\frac{\partial \bar{\vartheta}}{\partial y}\right)_0 = E\,\varepsilon\,c_p\,\frac{\partial \varrho\,\bar{\vartheta}}{\partial y} + \tau_0\,\bar{u} - E\,\varepsilon\,\frac{\bar{u}^2}{2}\,\frac{\partial \bar{\varrho}}{\partial y}\,. \tag{47}$$

Mittels der Zustandsgleichung für ideale Gase bei konstantem Druck

$$\bar{\varrho}\,\bar{T} \approx \varrho_0\,T_0$$

können wir $\bar{\varrho}$ durch $\bar{T} = T_0 + \bar{\vartheta}$ ersetzen.

Führen wir dann noch mit der sog. Schubspannungsgeschwindigkeit $v_* = \sqrt{\tau_0/\varrho_0}$ die dimensionslosen Koordinaten

$$\eta = \frac{v_*\,y}{\nu_0}, \qquad \omega = \frac{\bar{u}}{v_*} \qquad \text{und} \qquad \chi = \bar{\vartheta}/T_0 \qquad \left(\nu_0 = \frac{\mu_0}{\varrho_0}\right)$$

sowie die Parameter

$$\Lambda_0 = \frac{\lambda_0\left(\dfrac{\partial \bar{\vartheta}}{\partial y}\right)_0}{c_p\,\varrho_0\,T_0}\cdot\frac{1}{v_*}, \qquad M_0 = \frac{v_*}{\sqrt{(\gamma-1)\,c_p\,T_0}}, \qquad (\gamma = c_p/c_v)$$

ein, so kommt

Impuls

$$1 = \frac{\varepsilon}{\nu_0}\left\{\frac{1}{1+\chi}\,\frac{\partial\omega}{\partial\eta} - E\,\omega\,\frac{\partial\chi/\partial\eta}{(1+\chi)^2}\right\}, \tag{48}$$

Energie

$$\Lambda_0 - (\gamma-1)\,M_0^2\,\omega = E\,\frac{\varepsilon}{\nu_0}\,\frac{\partial\chi/\partial\eta}{(1+\chi)^2}\left\{1 + (\gamma-1)\,M_0^2\,\frac{\omega^2}{2}\right\}. \tag{49}$$

Aus diesen beiden Gleichungen gewinnt man die neue *Relation zwischen Temperatur und Geschwindigkeit*

$$(1+\chi)^E = C\left[1 + \Lambda_0\,\omega - (\gamma-1)\,M_0^2\,\frac{\omega^2}{2}\right] \tag{50}$$

mit der Integrationskonstanten C.

Man kann auch schreiben

$$E\,\lg(1+\chi) = \lg\left[1 + \Lambda_0\,\omega - (\gamma-1)\,M_0^2\,\frac{\omega^2}{2}\right] + \lg C\,.$$

(Demgegenüber ergeben die älteren Theorien, welche die Dichteschwankungen nicht berücksichtigen, die Relation

$$E\,(1+\chi) = \left[1 + \Lambda_0\,\omega - (\gamma-1)\,M_0^2\,\frac{\omega^2}{2}\right] + \text{const})\,.$$

Zum Vergleich mit dem Experiment wurde eine amerikanische Messung [11] im Hyperschallbereich herangezogen. Es ergab sich aus den Messungen

$$\underline{\underline{E = 1{,}1}} \tag{51}$$

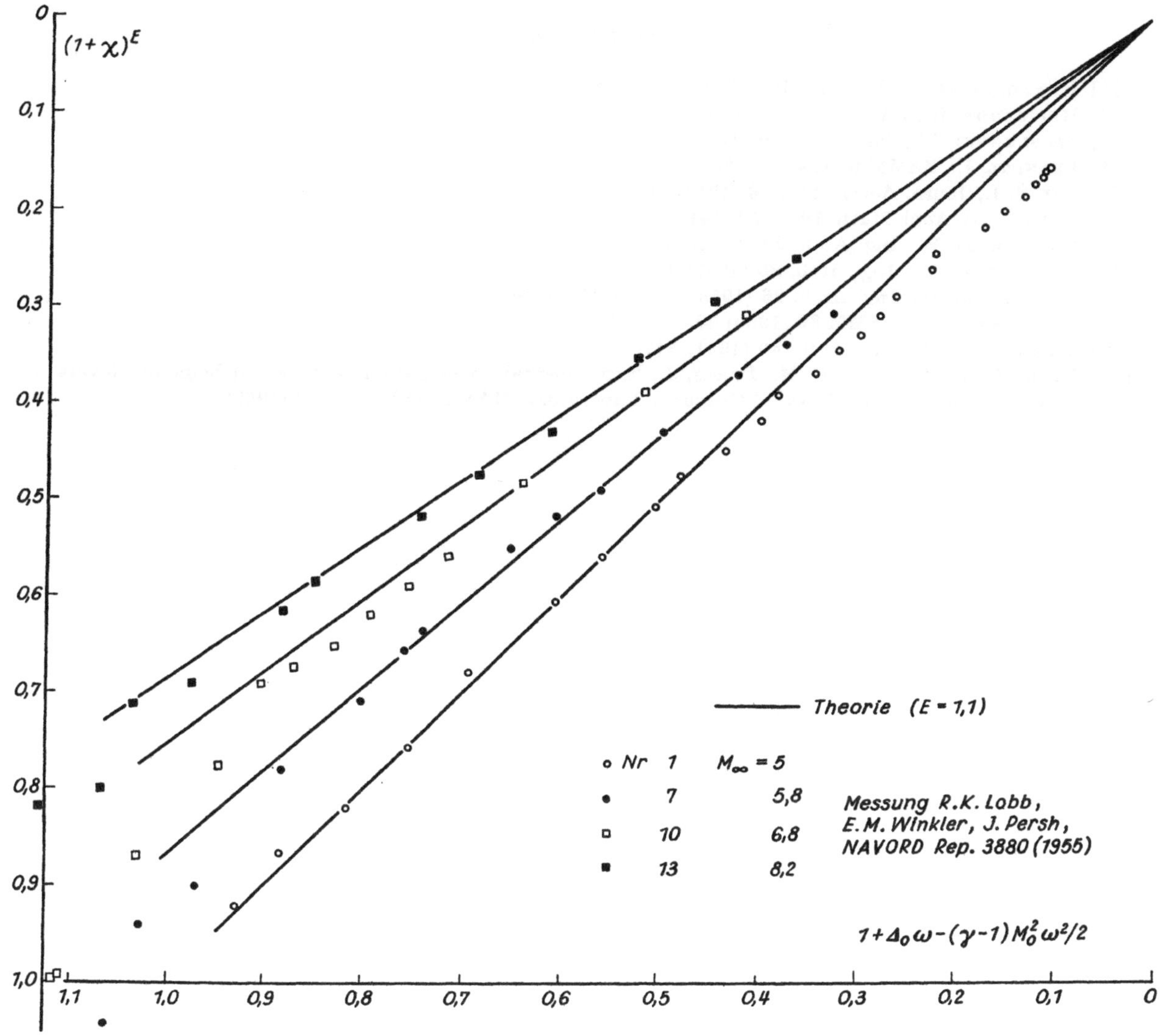

Abb. 12

in Übereinstimmung mit der Ermittlung anderer Autoren. Wir bringen aus dem Vergleich Abb. 12, in der die angegebenen Mach-Zahlen M_∞ sich auf die Mach-Zahlen der Strömung außerhalb der Grenzschicht beziehen. In der graphischen Darstellung der Abb. 12 wird die Relation (50) durch ein Strahlenbüschel mit dem Nullpunkt als Ursprung wiedergegeben. Man darf den Vergleich wohl als eine Bestätigung der neuen Relation ansehen.

IV. Literatur

[1] REYNOLDS, O., Phil. Trans. Roy Soc. **186** (1895).
[2] REICHARDT, H., ZAMM **24** (1944) 268.
[3] SZABLEWSKI, W., Ing. Arch. **20** (1952) 67.
[4] PRANDTL, L., ZAMM **22** (1942) 242.
[5] PAI, S. I., Journ. Aeron. Soc. **16** (1949) 463.
Quarterly Appl. Math. **10** (1952) 141.
[6] SZABLEWSKI, W., Ing. Arch. **20** (1952) 73.
[7] SZABLEWSKI, W., Ing. Arch. **25** (1957) 10.
[8] SZABLEWSKI, W., Ing. Arch. **26** (1958) 358; **30** (1961) 96.
[9] SZABLEWSKI, W., ZAMM **39** (1959) 50.
[10] SZABLEWSKI, W., Ing. Arch. **30** (1961) 317.
[11] LOBB, R. K., WINKLER, E. M., PERSH, J., Experimental investigation of turbulent boundary layers in hypersonic flow. U. S. Naval Ordnance Laboratory, NAVORD Rep. 3880 (1955).

BERICHTIGUNGSZETTEL

Seite 9, 7. Zeile v. u.

lies: $\bar{\varrho}$ durch $\overline{T}$ ersetzt

anstatt: $\bar{\varrho}$ durch $\overline{\mathfrak{T}}$ ersetzt

Seite 14, Abb. 7

Ordinatenbezeichnung muß richtig heißen $\dfrac{r}{r_0}$

Seite 16, Formel (31)

lies: $$\psi + \eta \frac{d\psi}{d\eta} = U\,\eta\,(\cdots)\,, \qquad - U\left(\varphi^2 + \eta\,\varphi \frac{d\varphi}{d\eta}\right) + \cdots$$

anstatt: $$\psi + \eta \frac{d\varphi}{d\eta} = U\,\eta\,(\cdots)\,, \qquad - U\left(\varphi^2 + \eta\,\varphi \frac{d\psi}{d\eta}\right) + \cdots$$

Seite 20, Formel (41)

lies: $$\operatorname{div}\,[\cdots] = \frac{\partial\,\overline{(\lambda\,\mathrm{grad}\,T)}}{\partial y} + \cdots$$

anstatt: $$\operatorname{div}\,[\cdots] = \frac{\partial\,(\lambda\,\mathrm{grad}\,T)}{\partial y} + \cdots$$

Seite 20, 2. Zeile v. u.

lies: $$\overline{u^2\,\varrho\,v} \approx \bar{u}^2\,\bar{\varrho}\,\bar{v} + 2\,\bar{\varrho}\,\bar{u}\,\overline{u'\,v'} + \bar{u}^2\,\overline{\varrho'\,v'}$$

anstatt: $$\overline{u^2\,\varrho\,v} \approx \bar{u}^2\,\varrho\,\bar{v} + 2\,\varrho\,u\,\overline{u'\,v'} + \bar{u}^2\,\overline{\varrho'\,v'}$$

Seite 22, Formel (47)

lies: $$\lambda_0 \left(\frac{\partial\bar{\vartheta}}{\partial y}\right)_0 = E\,\varepsilon\,c_p \frac{\partial\bar{\varrho}\,\bar{\vartheta}}{\partial y} + \cdots$$

anstatt: $$\lambda_0 \left(\frac{\partial\bar{\vartheta}}{\partial y}\right)_0 = E\,\varepsilon\,c_p \frac{\partial\varrho\,\bar{\vartheta}}{\partial y} + \cdots$$

2001/62/I/7 Szablewski, Strömungen

Bei Fragen zur Produktsicherheit wenden Sie sich bitte an:
If you have any questions regarding product safety,
please contact:

Walter de Gruyter GmbH
Genthiner Straße 13
10785 Berlin
productsafety@degruyterbrill.com